"十一五"国家重点图书出版规划项目

数学文化小丛书

李大潜　主编

同余式及其应用

Tongyushi ji Qi Yingyong

徐诚浩

高等教育出版社·北京
HIGHER EDUCATION PRESS　BEIJING

图书在版编目（CIP）数据

数学文化小丛书.第 2 辑：全 10 册 / 李大潜主编.
—— 北京：高等教育出版社，2013.9（2024.7重印）
ISBN 978-7-04-033520-0

Ⅰ.①数… Ⅱ.①李… Ⅲ.①数学－普及读物 Ⅳ.
①O1-49

中国版本图书馆 CIP 数据核字（2013）第 226474 号

项目策划　李艳馥　李　蕊

策划编辑　李　蕊	责任编辑　张耀明	封面设计　张　楠
版式设计　张　岚	责任校对　金　辉	责任印制　存　怡

出版发行　高等教育出版社	咨询电话　400-810-0598
社　　址　北京市西城区德外大街 4 号	网　　址　http://www.hep.edu.cn
邮政编码　100120	http://www.hep.com.cn
印　　刷　保定市中画美凯印刷有限公司	网上订购　http://www.landraco.com
开　　本　787mm×960mm　1/32	http://www.landraco.com.cn
总 印 张　28.125	
本册印张　2.25	版　　次　2013 年 9 月第 1 版
字　　数　37 千字	印　　次　2024 年 7 月第 11 次印刷
购书热线　010-58581118	总 定 价　80.00 元

本书如有缺页、倒页、脱页等质量问题，请到所购图书销售部门联系调换
版权所有　侵权必究
物 料 号　12-2437-47

数学文化小丛书编委会

顾　　问：谷超豪（复旦大学）

项武义（美国加州大学伯克利分校）

姜伯驹（北京大学）

齐民友（武汉大学）

王梓坤（北京师范大学）

主　　编：李大潜（复旦大学）

副主编：王培甫（河北师范大学）

周明儒（徐州师范大学）

李文林（中国科学院数学与系统科
学研究院）

编辑工作室成员：赵秀恒（河北经贸大学）

王彦英（河北师范大学）

张惠英（石家庄市教育科
学研究所）

杨桂华（河北经贸大学）

周春莲（复旦大学）

本书责任编委：　杨桂华

数学文化小丛书总序

　　整个数学的发展史是和人类物质文明和精神文明的发展史交融在一起的。数学不仅是一种精确的语言和工具、一门博大精深并应用广泛的科学，而且更是一种先进的文化。它在人类文明的进程中一直起着积极的推动作用，是人类文明的一个重要支柱。

　　要学好数学，不等于拼命做习题、背公式，而是要着重领会数学的思想方法和精神实质，了解数学在人类文明发展中所起的关键作用，自觉地接受数学文化的熏陶。只有这样，才能从根本上体现素质教育的要求，并为全民族思想文化素质的提高夯实基础。

　　鉴于目前充分认识到这一点的人还不多，更远未引起各方面足够的重视，很有必要在较大的范围内大力进行宣传、引导工作。本丛书正是在这样的背景下，本着弘扬和普及数学文化的宗旨而编辑出版的。

　　为了使包括中学生在内的广大读者都能有所收益，本丛书将着力精选那些对人类文明的发展起过重要作用、在深化人类对世界的认识或推动人类对世界的改造方面有某种里程碑意义的主题，由学有

i

专长的学者执笔,抓住主要的线索和本质的内容,由浅入深并简明生动地向读者介绍数学文化的丰富内涵、数学文化史诗中一些重要的篇章以及古今中外一些著名数学家的优秀品质及历史功绩等内容。每个专题篇幅不长,并相对独立,以易于阅读、便于携带且尽可能降低书价为原则,有的专题单独成册,有些专题则联合成册。

希望广大读者能通过阅读这套丛书,走近数学、品味数学和理解数学,充分感受数学文化的魅力和作用,进一步打开视野、启迪心智,在今后的学习与工作中取得更出色的成绩。

李大潜

2005 年 12 月

目　　录

一、同余式 1

二、弃九法 9

三、整除问题 16

四、费马小定理 27

五、一次不定方程 32

六、中国剩余定理 45

七、结束语 58

参考书目 61

附表　不超过 6000 的素数表 62

一、同 余 式

人们从孩提时代开始就知道每个星期有七天:从星期一到星期六,再加上一个星期日,接下来又是星期一.如此周而复始,直至永远! 如果您要问:这种全世界通用的叙述和记载日期的方法,是哪一个国家发明的? 是从什么时候开始应用的? 其根据是什么? 确实无处考证.关于星期来源唯一可查的出处是《圣经》.《圣经》上说,上帝在第一天造了光;第二天造了空气(天);第三天造了地和海以及蔬菜与果实;第四天造了太阳和月亮;第五天造了鱼和鸟;第六天造了兽、畜、虫和人;到了第七天,万物已造齐,称为圣日,他安息了! 可是,究竟是先有"星期"还是先有《圣经》? 实在不得而知!

在本文中,我们不深入考察"星期计数法"的由来,而是考察它的涵义.如果某一天是星期一,那么在它以后的第 8 天、第 15 天、第 22 天 …… 都是星期一.这些都是星期一的"天数"有一个共性:它们除以 7 所得的余数都是 1.也就是说,它们除以 7 是"同余的".

一般地说，取定某个自然数 (正整数) m. 如果两个整数 a 和 b, 它们除以 m 以后所得的余数相同, 即

$$a = q_1 m + r, \quad b = q_2 m + r, \quad 0 \leqslant r \leqslant m - 1,$$

则称 a 与 b **关于模 m 是同余的**, 简称 a 与 b 关于模 m 同余, 记为

$$a \equiv b \, (\mathrm{mod} \, m).$$

此时必有 $a - b = (q_1 - q_2) m$, 这也就是说, m 一定整除 $a - b$. 因此, a 与 b 关于模 m 同余当且仅当 m 整除 $a - b$, 或者说, 当且仅当存在整数 k 使得

$$a = b + km.$$

一旦取定一个自然数 m, 那么任意一个整数 a 必与

$$0, 1, 2, \cdots, m - 1$$

中的某一个数关于模 m 同余.

显然, $a \equiv 0 \, (\mathrm{mod} \, m)$, 当且仅当 m 整除 a, 即 a 是 m 的倍数.

这里的 "模" 字是一个专门术语, 起源于拉丁字 modulus, 其原义为 "尺度", 通常表示 "约数". 当取模 $m = 7$ 时, 就得到星期计数法.

首先引入同余这个概念并运用这个同余符号的, 是 18 世纪德国数学家、物理学家以及天文学家**高斯** (1777—1855). 他开拓性地创建了严整的整数同余理论, 并得到许多重要的应用, 开创了很多崭新的数学

领域. 可是实际上, 在**高斯**之前, 人类早就大量地应用自然数之间的同余关系了!

例如, 把一天分为 24 个小时. 今天的 9 时与明天的 9 时的时数关于模 24 是同余的.

在一个钟面上, 把一个圆周等分成 12 个小时, 用时针表示小时数; 再把圆周按一个小时等分成 60 分钟, 用分针表示分钟数; 最后再把圆周按一分钟等分成 60 秒, 用秒针表示秒数. 这里都是在利用时间之间的同余关系.

又如, 把一个圆周角等分成 360 度. 当两个圆周角的始边与终边分别重合时, 它们必相差 360 度的倍数.

再如, 我们把 100 年称为一个 "世纪", 在不同的世纪中, 年数后两位相同的年都是关于模 100 是同余的.

我国采用的 "干支纪年法" 是我国独创、全世界独一无二的纪年方法, 其中, 每 60 年称为一个 "甲子". 这种纪年法是每隔 60 年一个轮回. 再把 12 个 "地支" 与 12 个属相对应, 两个属相相同的人的年龄之差必为 12 的倍数 (或者同龄).

人们最熟悉的十进制计数法, 其表示原理也是利用自然数之间的同余关系.

取定自然数 10, 那么任意一个自然数 a 被 10 除以后, 所得余数必为小于 10 的自然数 (可以是零) a_1:

$$a = q_1 \times 10 + a_1,$$

即 $a \equiv a_1 \pmod{10}$.

当两个自然数 a 和 b 满足

$$a \equiv a_1 \,(\mathrm{mod}\ 10)\,, b \equiv a_1 \,(\mathrm{mod}\ 10)$$

时, 必有 $a - b \equiv 0 \,(\mathrm{mod}\ 10)$. 这就是说, 任意两个自然数, 只要被这个选定的**进位基数** 10 除以后, 所得的余数相同, 那么就可以把这两个自然数视作 "同类". 例如,

$$15, 25, 135, 2345$$

除以 10 后所得余数都是 5. 这一类数的共性就是 "个位数都是 5".

当然对于那些 "个位数都是 a_1" 的自然数, 还可进一步分类. 对于所得的商数 q_1, 被 10 除以后, 所得余数也为小于 10 的自然数 a_2:

$$q_1 = q_2 \times 10 + a_2,$$

即 $q_1 \equiv a_2 \,(\mathrm{mod}\ 10)$, 于是

$$a = (q_2 \times 10 + a_2) \times 10 + a_1 = q_2 \times 10^2 + a_2 \times 10 + a_1.$$

继续对所得的商数 q_2 除以 10, 得到新的商数和余数. 如此经有限步以后, 总可把任意一个自然数 a 唯一地写成

$$a = a_n \times 10^{n-1} + a_{n-1} \times 10^{n-2} + \cdots +$$
$$a_3 \times 10^2 + a_2 \times 10 + a_1,$$

其中 $a_n, a_{n-1}, \cdots, a_2, a_1$ 都为小于 10 的自然数. 这样就得到以 10 为进位基数的自然数的表示法:

$$a = a_n a_{n-1} \cdots a_3 a_2 a_1,$$

其中每一位上都是小于 10 的自然数. 这些数都是一些商数模 10 以后所得的余数.

凡是个位数相同的自然数都是模 10 同余的; 凡是个位数与十位数对应相同的自然数都是模 100 同余的 ……

一般地说, 自然数的关于取定进位基数 m (自然数) 的表示式, 其实质就是在连续运用对模 m 同余的概念, 每一位上的数字都是关于模 m 的同余数. 这一点, 我们的祖先早已意识到了并加以广泛应用!

例如, 远在四千多年前, 古巴比伦人使用的是六十进制计数法. 他们的重量和货币 (银) 单位都是六十进位的, 而且他们的数字书写方法也是以 60 为基数的. 例如, 用现在的符号, 12315 就是

$$1 \times 60^2 + 23 \times 60 + 15 = 4995.$$

这里的 $4995 = 4 \times 10^3 + 9 \times 10^2 + 9 \times 10 + 5$ 为十进位数.

取定某个自然数 m, 根据同余的定义, 很容易证明整数之间的同余关系有以下三个**基本性质**:

(1) 自反性: 对于任意整数 a, 必有

$$a \equiv a \left(\bmod m \right).$$

(2) 对称性: 若 $a \equiv b (\bmod m)$, 则必有

$$b \equiv a (\bmod m).$$

(3) **传递性**: 若 $a \equiv b (\bmod m), b \equiv c (\bmod m)$, 则必有 $a \equiv c (\bmod m)$.

我们还经常需要在同余式之间进行运算, 此时要用到以下三个**基本公式**:

设 $a \equiv b \pmod{m}$, $c \equiv d \pmod{m}$, 则有

(1) 加、减公式 $a \pm c \equiv b \pm d \pmod{m}$.

(2) 乘法公式 $ac \equiv bd \pmod{m}$.

(3) 乘幂公式 $a^n \equiv b^n \pmod{m}$, 其中 n 为正整数.

事实上, 根据以下三个等式就可容易地证明这三个公式是正确的:

(1) $(a \pm c) - (b \pm d) = (a - b) \pm (c - d)$.

(2) $ac - bd = a(c - d) + d(a - b)$.

(3) $a^n - b^n = (a - b)\left(a^{n-1} + a^{n-2}b + \cdots + ab^{n-2} + b^{n-1}\right)$.

有些问题看起来似乎很难, 可是只要利用同余式的性质, 就不难解决.

例 1 如何证明 $n = 8888^{2222} + 7777^{3333}$ 是 37 的倍数?

【证】 要证明 n 是 37 的倍数, 就是要证明

$$n = 8888^{2222} + 7777^{3333} \equiv 0 \pmod{37}.$$

先由

$$8888 = 37 \times 240 + 8, \quad 7777 = 37 \times 210 + 7$$

知道

$$8888 \equiv 8 \pmod{37}, \quad 7777 \equiv 7 \pmod{37}.$$

再由

$$8^2 = 64 = 37 \times 2 - 10, \quad 7^3 = 343 = 37 \times 9 + 10$$

知道

$$8^2 \equiv -10 \,(\mathrm{mod}\,37), \quad 7^3 \equiv 10 \,(\mathrm{mod}\,37).$$

于是

$$n = 8888^{2222} + 7777^{3333} \equiv \left(8^2\right)^{1111} + \left(7^3\right)^{1111}$$
$$\equiv (-10)^{1111} + (10)^{1111} \equiv 0 \,(\mathrm{mod}\,37).$$

这就证明了 n 是 37 的倍数. ∎

例 2 任意给定 n 个自然数 (它们未必是连续的自然数), 按任意方法把它们排成

$$a_1, a_2, \cdots, a_n,$$

证明必定存在一对下标 k, l 满足 $1 \leqslant k < l \leqslant n$, 使得

$$a_{k+1} + a_{k+2} + \cdots + a_l \equiv 0 \quad (\mathrm{mod}\,n).$$

这个命题乍一看, 不太相信它是正确的. 那些大大小小的自然数是任取的, 而且排序又是任意的, 竟有如此结论! 其实证明并不难, 因为可求助于同余式.

【证】 任意一个自然数除以 n 以后, 所得的余数必为 $0, 1, 2, \cdots, n-1$ 这 n 个数中的某一个. 构造以下 $n+1$ 个自然数:

$$x_0 = 0, x_1 = a_1, x_2 = a_1 + a_2, x_3 = a_1 + a_2 + a_3,$$
$$\cdots, x_n = a_1 + a_2 + \cdots + a_n.$$

把这 $n+1$ 个自然数都除以 n, 就得到 $n+1$ 个余数, 那么, 其中至少有两个余数相同, 例如

$$x_k \equiv r \,(\mathrm{mod}\, n), \quad x_l \equiv r \,(\mathrm{mod}\, n), \quad 1 \leqslant k < l \leqslant n,$$

于是必有 $x_l - x_k = a_{k+1} + \cdots + a_l \equiv 0 \,(\mathrm{mod}\, n)$. ■

这是 "鸽笼原理" 的一个巧妙应用. 鸽笼原理是这样叙述的: 当鸽子数大于鸽笼数时, 必发生 "鸽子同笼" 现象. 这是一个应用广泛的简单原理.

例 3 任意给定两个自然数 k 和 n, 并设 $k \leqslant n$, 证明以下同余式

$$n(n-1)(n-2)\cdots(n-k+1) \equiv 0 \,(\mathrm{mod}\, k!).$$

【证】 我们知道从 n 件不同的产品中 (不放回地) 任意取出 $k\,(k \leqslant n)$ 件, 不计顺序的不同取法的总数为

$$C_n^k = \frac{n(n-1)(n-2)\cdots(n-k+1)}{k!} \quad (\text{称为}\textbf{组合数}).$$

因为组合数必为自然数, 所以必有

$$n(n-1)(n-2)\cdots(n-k+1) \equiv 0 \,(\mathrm{mod}\, k!). \quad ■$$

在这本小册子中, 我们将以同余式的应用为主线展开讨论.

二、弃 九 法

我们先介绍同余式的一个初等应用 —— **弃九法**.

如果手头没有计算器, 或者, 当所要计算乘积的两个数字的位数很多, 而计算器无法精确显示时, 总希望有一个简单的办法判断一下两个数相乘所得结果是否有误.

我们可限于考虑两个自然数相乘的情形.

设 x 和 y 是两个自然数, 如果已经得到一个计算式 $xy = z$, 需要检验它有没有算错?

为此, 考虑自然数 $x = a_n a_{n-1} \cdots a_2 a_1$ 的十进制表示式

$$x = a_n \times 10^{n-1} + a_{n-1} \times 10^{n-2} + \cdots + a_2 \times 10 + a_1.$$

它的各位数字之和记为

$$S = a_n + a_{n-1} + \cdots + a_2 + a_1.$$

把同余关系 $10 \equiv 1 \, (\mathrm{mod} \, 9)$ 代入 x 的十进制表示式,

9

可知对于任意一个自然数

$$x = a_n a_{n-1} \cdots a_2 a_1$$

必有

$$x \equiv S \pmod 9 .$$

这就是说, 自然数 $x = a_n a_{n-1} \cdots a_2 a_1$ 与它的各位数字之和 $S = a_n + a_{n-1} + \cdots + a_2 + a_1$ 关于模 9 一定是同余的. 我们把这一事实表述为

$$a_n a_{n-1} \cdots a_2 a_1 \equiv a_n + a_{n-1} + \cdots + a_2 + a_1 \pmod 9 .$$

为了检验已得到的计算式 $xy = z$ 是不是有误, 我们先求出三个同余式

$$x \equiv a \pmod 9 , y \equiv b \pmod 9 , z \equiv c \pmod 9 ,$$

这里 a, b, c 都是个位数. 如果 $xy = z$ 是正确的, 根据上节所述的同余式的乘法公式, 必有

$$ab \equiv c \pmod 9 .$$

因此, 当这个同余式不成立时, 就可断定 $xy = z$ 是错误的. 这样就把问题归结为检验三个余数之间的上述同余关系式是不是成立. 至于如何求一个自然数模 9 以后的余数, 可采用如下的**弃九法**:

因为对于任意一个自然数 $x = a_n a_{n-1} \cdots a_2 a_1$, 有

$$a_n a_{n-1} \cdots a_2 a_1 \equiv a_n + a_{n-1} + \cdots + a_2 + a_1 \pmod 9 ,$$

所以只要在上式右端中, 把那些加起来是 9 或者是 9 的倍数的数 a_i 都划去, 就很容易求出原自然数 x 模 9 以后的余数. 例如,

$$3442515 \equiv 3 + 4 + 4 + 2 + 5 + 1 + 5 \equiv 6 \,(\mathrm{mod}\,9).$$

下面, 我们通过实例, 介绍一下用弃九法判断两个数的乘积是不是有误的操作方法.

例 4 计算式 $385 \times 8939 = 3442515$ 是否有误?

【解】 先求出

$$385 \equiv 3 + 8 + 5 \equiv 7 \,(\mathrm{mod}\,9),$$

$$8939 \equiv 8 + 9 + 3 + 9 \equiv 2 \,(\mathrm{mod}\,9),$$

$$3442515 \equiv 3 + 4 + 4 + 2 + 5 + 1 + 5 \equiv 6 \,(\mathrm{mod}\,9).$$

因为 $7 \times 2 = 14 \equiv 5 \,(\mathrm{mod}\,9)$, 它的余数不是 6, 所以可以肯定计算错误. ∎

正确的应是

$$385 \times 8939 = 3441515,$$

此时, $7 \times 2 = 14 \equiv 5 \,(\mathrm{mod}\,9)$ 与 $3441515 \equiv 5 \,(\mathrm{mod}\,9)$ 的余数相同.

不过, 要提请注意的是, 弃九法的一般结论是: 若

$$x \equiv a \,(\mathrm{mod}\,9), y \equiv b \,(\mathrm{mod}\,9), z \equiv c \,(\mathrm{mod}\,9),$$

则当 $ab \equiv c \,(\mathrm{mod}\,9)$ 不成立时, 可以判定 $xy = z$ 是错误的; 但当 $ab \equiv c \,(\mathrm{mod}\,9)$ 成立时, $xy = z$ 却未必一定正确!

11

例如, $12 \times 22 = 624$ 明明是错误的, 正确值是 264. 可是却有,

$$12 \equiv 3 \,(\text{mod}\, 9), 22 \equiv 4 \,(\text{mod}\, 9),$$
$$624 \equiv 6 + 2 + 4 \equiv 3 \,(\text{mod}\, 9),$$

且 $3 \times 4 = 12 \equiv 3 \,(\text{mod}\, 9)$.

为了感受一下"弃九"的内涵, 我们做一个数学游戏.

甲请乙任意取定一个数 a (例如 2569), 乙把 a 中数字任意重排成 b (例如 9526), 再算出 a 与 b 的正差值 c (现在 $c = |b - a| = 9526 - 2569 = 6957$), 乙在 c 中任意划掉一个数字 (例如划掉 5). 以上这一切, 乙都不告诉甲, 仅把正差值 c 中剩下的数字之和 d 告诉甲 (现在是把 $d = 6 + 9 + 7 = 22$ 告诉甲), 那么, 甲能猜出被乙划掉的数字吗? 为什么?

设 $a = a_n a_{n-1} \cdots a_2 a_1, b = b_n b_{n-1} \cdots b_2 b_1$, 则 a 的数字之和与 b 的数字之和必相同. 因为

$$a \equiv a_n + a_{n-1} + \cdots + a_2 + a_1 \,(\text{mod}\, 9)$$
$$b \equiv b_n + b_{n-1} + \cdots + b_2 + b_1 \,(\text{mod}\, 9),$$

所以必有 $a \equiv b \,(\text{mod}\, 9)$, 于是必有

$$c = |a - b| = c_n c_{n-1} \cdots c_2 c_1$$
$$\equiv c_n + c_{n-1} + \cdots + c_2 + c_1 \equiv 0 \,(\text{mod}\, 9).$$

因此, 只要乙告诉甲的 c 中剩下的数字之和 d 不是 9 的倍数, 那么甲就很容易猜出那个被划掉的数字

12

x, 使 $d + x$ 是 9 的倍数 (现在 $d = 22$, 所以被划掉的数字 $x = 5$).

当然, 如果 d 正好是 9 的倍数, 那么甲只能猜出被划掉的数是 0 或 9.

创造弃九法的目的决不是仅仅用来检验两数之积是不是有错误, 它是一把利刀, 利用模 9 同余式, 很多难题可迎刃而解.

例 5 求出用 9 去除 $1532^5 - 1$ 所得的余数.

【解】 要求出用 9 去除 $1532^5 - 1$ 所得的余数, 只要先求出同余式

$$1532 \equiv 1 + 5 + 3 + 2 \equiv 2 \,(\mathrm{mod}\, 9).$$

据此就可得到

$$1532^5 \equiv 2^5 \equiv 32 \equiv 5 \,(\mathrm{mod}\, 9),$$

所以

$$1532^5 - 1 \equiv 5 - 1 \equiv 4 \,(\mathrm{mod}\, 9).$$

这说明 $1532^5 - 1$ 除以 9 所得的余数为 4. ■

1975 年国际数学奥林匹克竞赛中有一道题, 如果不用弃九法, 恐怕很难解出. 题目为

例 6 设 $N = 4444^{4444}$ 的各位数字之和为 a, a 的各位数字之和为 b, 求 b 的各位数字之和 c.

【解】 既然在题意中牵涉自然数的各位数字之和, 就自然想到利用同余式

$$a_n a_{n-1} \cdots a_2 a_1 \equiv a_n + a_{n-1} + \cdots + a_2 + a_1 \,(\mathrm{mod}\, 9).$$

由 a、b 和 c 的定义立刻得到同余关系式:

$$N \equiv a \equiv b \equiv c \,(\bmod\ 9).$$

因为 $N = 4444^{4444}$ 是已知的, 所以根据这个同余式是可以求出 c 的同余数的.

为此, 先求出

$$4444 \equiv 4 + 4 + 4 + 4 \equiv 7 \,(\bmod\ 9),$$

所以

$$N = 4444^{4444} \equiv 7^{3 \times 1481+1} \equiv \left(7^3\right)^{1481} \times 7 \,(\bmod\ 9).$$

因为

$$7^3 = 343 \equiv 3 + 4 + 3 \equiv 1 \,(\bmod\ 9),$$

所以

$$N \equiv 7 \,(\bmod\ 9).$$

这说明必有 $c \equiv 7 \,(\bmod\ 9)$, 即 $c = 7, 16, 25, \cdots$.

如果能进一步证明 c 必小于 16, 那么就可定出 $c = 7$.

因为一个自然数的每一位数字都取之于 $0, 1, 2, 3, \cdots, 9$, 所以, 一个自然数的 "全体数字之和 S" 的最大可能值是由它的位数确定的. 例如,4 位自然数的全体数字之和 S 的最大可能值是

$$4 \times 9 = 36.$$

下面我们依次估算 N, a, b, c 的最大可能位数.

14

两个 4 位数的乘积的位数不会超过 $4 \times 2 = 8$; 三个 4 位数的乘积的位数不会超过 $4 \times 3 = 12;\cdots$ 因为 4444 是 4 位数, 所以 $N = 4444^{4444}$ 的位数绝对不会超过

$$4 \times 4444 = 17776.$$

因为 N 的每位数字都不超过 9, 所以 N 的各位数字之和

$$a \leqslant 17776 \times 9 = 159984.$$

这说明

$$a = a_6 a_5 a_4 a_3 a_2 a_1 = a_6 \times 10^5 + a_5 a_4 a_3 a_2 a_1,$$

其中 $a_6 = 0$ 或 1, 而后面五位数字可取之于

$$0, 1, 2, \cdots, 9.$$

因此数 a 的各位数字之和

$$b \leqslant 1 + 5 \times 9 = 46.$$

因为不超过 46 的数的两位数字之和不会超过 $3 + 9 = 12$ (它是 39 的两位数字之和), 所以 b 的各位数字之和 $c < 16$. 据此即可定出 $c = 7$. ∎

三、整 除 问 题

有一种广为流传的说法: 数学是科学宫殿上的"皇冠", 数论是皇冠上的"明珠". 所谓数论就是整数理论, 而贯穿整数理论的主线就是整除性理论. 由整除性理论衍生出素数理论, 而素数理论则是历史悠久、问题迷人、猜想颇多、论证艰难的一个数学分支.

不失一般性, 我们仅需考虑自然数之间的整除问题.

我们熟知, 对于任意两个自然数 a 与 b, 只要 $b \neq 0$, 总可找到唯一的商数 q 与余数 r 满足

$$a = qb + r, \quad 0 \leqslant r < b.$$

特别地, 当 $r = 0$ 时, 称 b **整除** a, 记为 $b|a$, 并称 a 是 b 的**倍数**, b 是 a 的**因数** (约数). 显然,

$$b|a \Leftrightarrow a \equiv 0 \,(\mathrm{mod}\, b).$$

所以, 可以充分利用同余式研究整除性.

如果 p 是这样的一个自然数, 它除了 1 和 p 这两个因数以外, 不存在其他的自然数因数, 则称 p 是

一个**素数** (质数). 大于 1 且不是素数的数称为**合数**. 数 1 既不是素数也不是合数. 2 是唯一的偶素数, 大于 2 的素数都是奇数. 不超过 6000 的全部素数见书末附表.

可以证明, 任意一个大于 1 的自然数 a, 一定可以唯一地分解成若干个素数因数的乘积 (称为**标准分解式**或**算术基本定理**)

$$a = p_1^{e_1} p_2^{e_2} \cdots p_m^{e_m},$$

其中 $p_1 < p_2 < \cdots < p_m$ 都是素数, $e_1, e_2, \cdots, e_m$ 都是自然数. 例如

$$a = 1176 = 2^3 \times 3 \times 7^2.$$

对于一些不太大的自然数 a, 写出它的标准分解式并不困难, 只要依次试用素数

$$2, 3, 5, 7, 11, 13, 17, \cdots$$

去除它, 就可判定 a 有哪些素数因数, 从而可写出 a 的标准分解式. 可是对于很大的自然数 a, 要写出它的标准分解式往往非常困难, 甚至很难判定 a 是不是素数? 某个素数 p 是不是 a 的因数?

在数学发展史上, 有不少大数学家都致力于找大自然数的素因数, 或者, 寻找一些判别方法, 判定某个取定素数 p 能不能整除自然数 a, 或者, 讨论某些自然数是不是素数.

例如, 在 17 世纪上半叶, 数学奇才**费马**猜想:

$$2^{32} + 1 = 4294967297$$

17

是素数. 时隔百年, 到了 1738 年, 数学巨匠**欧拉**却找到了分解式

$2^{32}+1 = 4294967297 = 641 \times 6700417$ (这里 641 是素数).

又如, 在 1644 年, **梅森**说: $2^{67}-1$ 是素数. 在以后的两百多年时间内, 人们一直认为 $2^{67}-1$ 是素数. 但 1903 年 10 月, 在纽约的一次数学学术会议上, 大家要求**科尔**教授作报告. **科尔**不说一句话, 在黑板上计算出 $2^{67}-1$ 的值, 接着他又把以下两数

$$193,707,721 \quad 和 \quad 761,838,257,287$$

用竖式相乘, 发现所得结果完全相同. 这证明 $2^{67}-1$ 不是素数! 在沉静片刻以后, 全体到会者突然报以暴风雨般的掌声向他表示祝贺! 这就是著名的《一次无声的学术报告》. 会后有人问他: "为了证明这个结果, 您花了多少时间?" 他轻描淡写地答道: "三年内的全部星期天" (那时还没有发明电子计算机!).

再如, 用其他途径已证明了某个大自然数是合数, 却找不出它的确切的素因数. 对有些大自然数, 即便找到了某一个素因数, 也未必能找出其他的素因数.

综上所说, 我们经常需要考虑某个大自然数 a 能不能被较小的自然数 b 整除的问题, 于是整除性理论就应运而生. 整除性理论中的核心问题是除数是素数的整除性问题.

在整除性理论和同余式理论中, 还要引进以下概念.

18

设 a 与 b 是两个自然数. 既是 a 的因数, 又是 b 的因数的整数 (正整数和负整数) 称为 a 与 b 的公因数. 在 a 与 b 的所有公因数中那个最大的自然数称为 a 与 b 的**最大公因数**, 记为 $d = (a, b)$. 特别地, 当 $d = (a, b) = 1$ 时, 称 a 与 b 是**互素**的. 这就是说, 既可整除 a, 又可整除 b 的自然数只有一个数, 那就是 1. 例如, 容易看出 $(318, 628) = 2, (13, 14) = 1$.

用自然数的标准分解式, 容易证明有关整除性的以下四个常用性质: 设 p 是某个素数.

(1) 若 $p|ab$, 则必有 $p|a$ 或 $p|b$.

(2) 若 a 与 b 都是素数, 则当 $p|ab$ 时, 必有 $p = a$ 或 $p = b$.

(3) 当 a 和 b 互素时, 如果 $a|bc$, 则必有 $a|c$.

(4) 当 a 和 b 互素时, $ab|c \Leftrightarrow a|c$ 且 $b|c$.

对此, 我们分别举例说明如下:

(1) 因为 $3|336$, 而 $336 = 6 \times 56$, 确有 $3|6$.

(2) 若素数 $p|51$, 因为 $51 = 3 \times 17, 3$ 与 17 都是素数, 所以必有 $p = 3$ 或 $p = 17$.

(3) 因为 7 与 13 互素, 如果 $7|13 \times c$, 则必有 $7|c$. 例如, $7|182$. 由 $182 = 13 \times 14$ 知必有 $7|14$.

(4) 因为 $(2, 3) = 1$, 所以 $6|a \Leftrightarrow 2|a$ 且 $3|a$.

因为 $(3, 4) = 1$, 所以 $12|a \Leftrightarrow 3|a$ 且 $4|a$.

既然找出一个大自然数的标准分解式非常困难, 于是人们把问题转为: 对于取定的一个素数 p, 要建立一些方法, 判定 p 是不是自然数 a 的因数.

我们将给出一些实用的整除判别法. 以下取定

n 位自然数

$$a = a_n a_{n-1} \cdots a_4 a_3 a_2 a_1$$
$$= a_n \times 10^{n-1} + a_{n-1} \times 10^{n-2} + \cdots + a_4 \times 10^3$$
$$+ a_3 \times 10^2 + a_2 \times 10 + a_1, \quad a_n \neq 0,$$

它的各位数字之和记为

$$S = a_n + a_{n-1} + \cdots + a_2 + a_1.$$

以下四个**基本判别法**是大家常用的, 且根据自然数的十进制表示式很容易证明它们是正确的.

(1) $2|a \Leftrightarrow 2|a_1, \quad 5|a \Leftrightarrow 5|a_1$. (因为 $10 = 2 \times 5$)

(2) $3|a \Leftrightarrow 3|S, \quad 9|a \Leftrightarrow 9|S$. (因为 $10 \equiv 1 (\text{mod } 3), 10 \equiv 1 (\text{mod } 9)$)

(3) $4|a \Leftrightarrow 4|a_2 a_1, \quad 25|a \Leftrightarrow 25|a_2 a_1$. (因为 $100 = 4 \times 25$)

(4) $8|a \Leftrightarrow 8|a_3 a_2 a_1, \quad 125|a \Leftrightarrow 125|a_3 a_2 a_1$. (因为 $1000 = 8 \times 125$)

利用同余式, 可以建立一个有效而简便的整除判别法, 那就是**求 "分组和" 判别法**.

我们先用一个实例介绍这个方法.

例 7 问 $a = 1234567$ 能不能被 11 整除? $b = 12345674$ 能不能被 11 整除?

【解】 将所给出的自然数, 从右向左, 每两位分成一组, 得

$a = 1234567 = 1 \times 100^3 + 23 \times 100^2 + 45 \times 100 + 67,$

$b = 12345674 = 12 \times 100^3 + 34 \times 100^2 + 56 \times 100 + 74.$

20

它们分别产生两个分组数字和

$$S_a = 1 + 23 + 45 + 67 = 136,$$
$$S_b = 12 + 34 + 56 + 74 = 176.$$

利用 $100 \equiv 1 \,(\mathrm{mod}\, 11)$ 立刻知道

$$a \equiv S_a \,(\mathrm{mod}\, 11) \equiv 136 \,(\mathrm{mod}\, 11) \equiv 4 \,(\mathrm{mod}\, 11),$$
$$b \equiv S_b \,(\mathrm{mod}\, 11) \equiv 176 \,(\mathrm{mod}\, 11) \equiv 0 \,(\mathrm{mod}\, 11).$$

所以 $a = 1234567$ 不能被 11 整除, $b = 12345674$ 能被 11 整除. ∎

一般地说, 将自然数

$$a = a_n a_{n-1} \cdots a_4 a_3 a_2 a_1, a_n \neq 0,$$

从右向左, 每两位分成一组, 记分组数字和为 S, 则必有

$$a \equiv S \,(\mathrm{mod}\, 11),$$

因此, 有判别法

(5) $11 | a \Leftrightarrow 11 | S$.

以上是利用 $100 \equiv 1 \,(\mathrm{mod}\, 11)$ 建立的每两位分成一组的判别法. 很自然地, 可利用

$$1000 \equiv 1 \,(\mathrm{mod}\, 37)$$

建立每三位分成一组的判别法.

例 8 问 $a = 1234567$ 能不能被 37 整除? $b = 12345679$ 能不能被 37 整除?

【解】 将所给的自然数, 从右向左, 每三位分成一组, 得

$$a = 1234567 = 1 \times 1000^2 + 234 \times 1000 + 567,$$
$$b = 12345679 = 12 \times 1000^2 + 345 \times 1000 + 679.$$

它们分别产生两个分组数字和

$$S_a = 1 + 234 + 567 = 802,$$
$$S_b = 12 + 345 + 679 = 1036.$$

利用 $1000 \equiv 1 \,(\mathrm{mod}\,37)$ 立刻知道

$$a \equiv S_a \,(\mathrm{mod}\,37) \equiv 802 \,(\mathrm{mod}\,37) \equiv 25 \,(\mathrm{mod}\,37),$$
$$b \equiv S_b \,(\mathrm{mod}\,37) \equiv 1036 \,(\mathrm{mod}\,37) \equiv 0 \,(\mathrm{mod}\,37).$$

所以 $a = 1234567$ 不能被 37 整除, 而 $b = 12345679$ 能被 37 整除. ■

一般地说, 将自然数

$$a = a_n a_{n-1} \cdots a_3 a_2 a_1, a_n \neq 0,$$

从右向左, 每三位分成一组, 记分组数字和为 S, 则必有

$$a \equiv S \,(\mathrm{mod}\,37),$$

因此, 有判别法

(6) $37|a \Leftrightarrow 37|S$.

在研究整除性理论时, 发现 1001 是一个很有特性的数. 那么, 它有什么特性呢?

例 9 任意取定一个三位数 abc, 把它重复写两次可得六位数 $abcabc$, 则有以下结论:

$$abcabc \equiv 0 \,(\mathrm{mod}\,7)\,;\quad abcabc \equiv 0\,(\mathrm{mod}\,11)\,;$$

$$abcabc \equiv 0\,(\mathrm{mod}\,13)\,.\quad abcabc \equiv 0\,(\mathrm{mod}\,abc)\,.$$

【证】 只要利用 1001 是三个素数之积

$$1001 = 7 \times 11 \times 13$$

就可得到

$$abcabc = abc \times 1000 + abc = abc \times 1001$$
$$= abc \times 7 \times 11 \times 13.$$

于是上述所有结论显然都正确. ■

根据 1001 的这个特性, 人们还创立了整除性理论中的**去尾判别法**.

例 10 $a = 143645432$ 能不能被 7 整除? 被 11 整除? 被 13 整除?

【解】 因为

$$a = 143645432 = 143645 \times 1000 + 432$$
$$= 143645 \times 1001 - (143645 - 432)$$
$$= 143645 \times 1001 - 143213,$$

所以 $7 \mid a \Leftrightarrow 7 \mid 143213$.

再根据

$$143213 = 143 \times 1000 + 213$$
$$= 143 \times 1001 - (143 - 213)$$
$$= 143 \times 1001 + 70$$

和 $7|70$, 立刻知道 $a = 143645432$ 必被 7 整除.

同样, 可考虑除数是 11 和 13 的情形. 因为 70 不是 11 和 13 的倍数, 所以 $a = 143645432$ 不能被 11 与 13 整除. ∎

一般地说, 对于任意一个 $n\,(n \geqslant 4)$ 位自然数

$$a = a_n a_{n-1} \cdots a_4 a_3 a_2 a_1,$$

必可写出一个 $n - 3$ 位数

$$b = a_n a_{n-1} \cdots a_4$$

和一个位数不超过 3 的自然数

$$c = a_3 a_2 a_1,$$

使得

$$a = 1000 \times b + c = 1001 \times b - (b - c) = 1001 \times b - d,$$

其中 $d = b - c$.

再据 $1001 = 7 \times 11 \times 13$, 立刻得到以下判别法:

(7) $7|a \Leftrightarrow 7|d$, $\quad 11|a \Leftrightarrow 11|d$, $\quad 13|a \Leftrightarrow 13|d$.

很容易把上述计算过程编制成简单程序, 那么对于那些大自然数 a, 判定 a 能不能被三个小素数 $7, 11, 13$ 整除, 将是一件轻而易举的事.

上述去尾判别法还可进一步推广. 任给两个自然数

$$a = b \times 10 + c \quad \text{和} \quad m = n \times 10 + 1,$$

即 a 的个位数为 c, m 的个位数为 $1, a$ 除以 10 的商数为 b, m 除以 10 的商数为 n. 令

$$d = b - cn,$$

则

$$a = (d + cn) \times 10 + c = d \times 10 + c(n \times 10 + 1)$$
$$= d \times 10 + cm.$$

于是 $m|a \Leftrightarrow m|(10 \times d)$. 再由 $m = n \times 10 + 1$ 知 m 与 10 是互素的, 所以可得下述判别法:

(8) $m|a \Leftrightarrow m|d$.

我们仅举一个简单的例子说明这个方法. 这个过程也很容易通过电子计算机编程计算.

例 11 问 $m = 51$ 能不能整除 $a = 121584$?

【**解**】 为此, 把这两个数写成

$$a = 121584 = 12158 \times 10 + 4,$$
$$m = 51 = 5 \times 10 + 1.$$

于是 $b = 12158, c = 4, n = 5$.

先求出 $d = b - cn = 12158 - 4 \times 5 = 12138$, 得到 $m|a \Leftrightarrow m|12138$.

类似地, 对于 $a_1 = 12138 = 1213 \times 10 + 8$, 重复上述计算步骤, 求出

$$d_1 = 1213 - 8 \times 5 = 1173,$$

从而得到 $m|a \Leftrightarrow m|1173$.

25

再对于 $a_2 = 1173 = 117 \times 10 + 3$, 求出相应的

$$d_2 = 117 - 3 \times 5 = 102,$$

又得到 $m|a \Leftrightarrow m|102$.

因为 $m = 51$, 而 $51|102$, 最后, 可以判定 $51|a$. ■

四、费马小定理

在探索整除性理论时, 对于任意给定的一个自然数 a, 人们发现有以下事实:

$a^2 - a = a(a-1)$ 是两个连续自然数之积, 它必被 2 整除;

$a^3 - a = (a-1)a(a+1)$ 是三个连续自然数之积, 它必被 3 整除;

$a^4 - a$ 未必被 4 整除 (例如, $2^4 - 2 = 14$ 不能被 4 整除, 而 $4^4 - 4$ 显然能被 4 整除);

$a^5 - a = (a-1)a(a+1)(a^2+1)$ 必被 5 整除 (可用枚举法证明: 以 $a = 1, 2, 3, 4, 5, \cdots$ 代入并加以归纳讨论);

$\cdots\cdots\cdots\cdots$

于是很自然地提出一个问题: 对于哪些自然数 n, $a^n - a$ 总能被 n 整除, 这里 a 是一个任意给定的自然数. 这就是著名的费马小定理所讨论的问题.

法国数学家**费马** (1601 — 1665) 是数学史上的一位传奇人物. 费马的主要职业是乡村律师, 数学仅是他的业余爱好. 费马被誉为 "数论之父", 其实, 他

27

的研究的范围非常广泛, 在很多数学领域中均有非凡贡献. 例如, 他是解析几何学和微积分学的先驱者之一; 他又是概率论的创始人之一. 所以他被誉为 "业余数学家之王", 甚至有人认为他应该算作专业数学家.

他有非常了不起的直观天才, 一生中提出过很多了不起的数学猜测. 令人惊奇的是, 他的几乎所有猜测全被后人一一证实, 仅有一个例外. 那就是他猜测: 凡是形如

$$2^m + 1,$$

其中 $m = 2^n$ 的数, 都是素数, 后人称为**费马素数**.

首先, 我们证明当 $2^m + 1$ 是素数时, 必存在非负整数 n 使得 $m = 2^n$, 这就是说, m 一定没有奇数真因数. 用反证法. 如果 m 有奇数真因数 p 使得 $m = pu$, 则必有因式分解式

$$2^m + 1 = (2^u)^p + 1 = (2^u + 1)$$
$$\left(2^{(p-1)u} - 2^{(p-2)u} + 2^{(p-3)u} - \cdots - 2^u + 1\right),$$

这说明 $2^m + 1$ 必是合数. 所以, 只有形如 $2^{2^n} + 1$ 的数才可能是素数.

将 $n = 0, 1, 2, 3, 4$ 代入 $2^{2^n} + 1$, 得到的数确实都是素数:

$$3, 5, 17, 257, 65537.$$

可是对 $n = 5$, 在 1738 年, **欧拉**惊人地发现有分解式:

$$2^{2^5} + 1 = 2^{32} + 1 = 4294967297 = 641 \times 6700417.$$

28

这说明**费马**的猜想错了!

谁知**欧拉**的这一分解式,竟是"一石激起千层浪!"从此以后,人们再也没有找到第六个费马素数,相反地,倒是已经找到了 46 个形如 $2^{2^n}+1$ 的数不是素数. 于是人们又猜测,费马素数仅有上述五个,但也无法证明. 这是数论史上的又一个悬案!

费马在 1640 年提出以下猜想:

费马定理 若 p 是素数,则对于任意一个自然数 a, 必有

$$a^p \equiv a \,(\mathrm{mod}\, p).$$

这个猜想是正确的,其证明如下:

(1) 先考虑 $(a, p) = 1$ 的情形.

当 $ka \equiv la \,(\mathrm{mod}\, p)$ 时, 必有 $p \,|\, (k-l)\, a$. 因为 p 与 a 互素,所以必有

$$p \,|\, (k-l), \quad 即 \quad k \equiv l \,(\mathrm{mod}\, p),$$

于是

$$1\,a, 2\,a, 3\,a, \cdots, (p-1)\,a$$

是 $p-1$ 个关于模 p 两两不同余的数. 但

$$1, 2, 3, \cdots, p-1$$

也是 $p-1$ 个关于模 p 两两不同余的数 (且是最小剩余类数),因而,从模 p 同余的意义上说,前者仅仅是后者的一个重新排列,于是必有

$$1\,a \times 2\,a \times 3\,a \times \cdots \times (p-1)\,a$$
$$\equiv 1 \times 2 \times 3 \times \cdots \times (p-1) \,(\mathrm{mod}\, p),$$

即

$$a^{p-1}(p-1)! \equiv (p-1)! \pmod{p}.$$

因为 p 与 $(p-1)!$ 必互素, 所以必有

$$a^{p-1} \equiv 1 \pmod{p}, \text{从而} \quad a^p \equiv a \pmod{p}.$$

(2) 再考虑 $d = (a, p) \neq 1$ 的情形.

因为 p 是素数, 根据最大公因数的定义, 必有

$$d = (a, p) = p, \text{即} \quad a \equiv 0 \pmod{p},$$

这说明 $p \mid a$. 于是由 $a^p - a = a(a^{p-1} - 1)$ 知 $a^p - a \equiv 0 \pmod{p}$, 也有

$$a^p \equiv a \pmod{p}.$$

这样就证明了费马的这个猜想是正确的.

为了区别被后人称为**费马大定理**的困惑了人们 358 年的**费马**的另一个猜想:

$$x^n + y^n = z^n \, (n \geqslant 3) \quad \text{不存在非零整数解},$$

人们把这个猜想称为**费马小定理**.

当然, 费马小定理断言, 当 p 是素数时, 对于任意一个自然数 a, 必有

$$a^p \equiv a \pmod{p}.$$

这并不是说, 当 p 不是素数时, $a^p \equiv a \pmod{p}$ 一定不成立.

例如, $341 = 11 \times 31$ 不是素数. 因为

$$2^{10} = 1024 = 3 \times 341 + 1 \equiv 1 \,(\mathrm{mod}\,341),$$

所以必有

$$2^{341} = 2^{10 \times 34} \times 2 \equiv 2 \,(\mathrm{mod}\,341).$$

用这个定理, 很容易证明: $3^{17} - 3$ 一定是 17 的倍数.

事实上, 因为 17 是素数, 所以据费马定理立刻得到

$$3^{17} \equiv 3 \,(\mathrm{mod}\,17), \quad \text{即} \quad 3^{17} - 3 \equiv 0 \,(\mathrm{mod}\,17).$$

五、一次不定方程

与同余式理论密切相关的是不定方程的求解问题. 当我们考虑一个变量个数大于独立方程个数的方程组时, 如果它有解, 由于它的解不是唯一确定的, 所以称为**不定方程组**. 变量个数大于 1 的单个方程就称为**不定方程**. 所谓二元一次不定方程指的是

$$ax + by = c,$$

这里, a, b 和 c 都是给定的整数, 且 a 和 b 均不为零.

在实际生活中, 经常需要求解不定方程或不定方程组. 要特别指出的是, 对于不定方程 (组), 我们只求其整数解, 甚至于只求其自然数解.

例 12 已知甲商品每件是 28 元, 乙商品每件是 16 元, 问买几件甲商品和几件乙商品正好花去 212 元?

【解法一】 用代入法求解. 设买甲商品 x 件, 乙商品 y 件, 则可列出不定方程

$$28x + 16y = 212, \quad \text{即} \quad 7x + 4y = 53.$$

因为要求的是自然数解, 所以

$$y = \frac{53 - 7x}{4}$$

必须是自然数. 把 $x = 1, 2, 3, \cdots$ 分别代入, 确定哪些 x 值使得 y 是自然数, 就能求出

$$x = 3, y = 8 \quad 和 \quad x = 7, y = 1. \qquad \blacksquare$$

【解法二】 用同余式求解. 根据不定方程 $7x + 4y = 53$ 可列出同余式

$$4y \equiv 53 \,(\mathrm{mod}\, 7), \quad 即 \quad 4y \equiv 4 \,(\mathrm{mod}\, 7).$$

这说明 $7 \,|\, 4(y - 1)$. 因为 4 与 7 是互素的, 必有 $7 \,|\, (y - 1)$, 所以

$$y - 1 \equiv 0 \,(\mathrm{mod}\, 7), \quad 即 \quad y \equiv 1 \,(\mathrm{mod}\, 7).$$

于是可先求出 $y = 1$ 或 $y = 8$ (由题意知道必有 $y < 14$). 再据

$$7x + 4y = 53$$

容易求出对应的 $x = 7$ 或 $x = 3$. $\qquad \blacksquare$

当然, 据 $7x + 4y = 53$ 也可得同余式

$$7x \equiv 53 \,(\mathrm{mod}\, 4), \quad 即 \quad 3x \equiv 1 \,(\mathrm{mod}\, 4),$$

由此可求出 $x = 3$ 或 $x = 7$ 和对应的 $y = 8$ 或 $y = 1$.

显然, 用同余式求解不定方程, 显得便捷得多了.

在求解不定方程时, 常用的数学工具是两个整数的最大公因数.

在前面整除问题中已经讲过, 能同时整除两个整数 a 和 b 的最大自然数 d 称为 a 和 b 的**最大公因数**, 记为 $d = (a, b)$. 特别地, 当 $d = (a, b) = 1$ 时, 称 a 和 b 是**互素的**.

关于最大公因数的一个重要结论是: 一定存在两个整数 u 和 v 使得

$$d = (a, b) = au + bv.$$

我们用一个实例说明上式的证明方法以及相应的 u 和 v 的求法.

例 13 求 $a = 318$ 和 $b = 628$ 的最大公因数 d, 并求出 u 和 v, 使得

$$d = 318u + 628v.$$

【解】 用**欧几里得**创造的**辗转相除法**依次求出如下商数和余数:

$$628 = 1 \times 318 + 310,$$
$$318 = 1 \times 310 + 8,$$
$$310 = 38 \times 8 + 6,$$
$$8 = 1 \times 6 + 2,$$
$$6 = 3 \times 2 + 0.$$

这里, 每次都是用上一式中的余数去除上一式中的除数得到下一个带余除式. 因为所得的非负余数一

34

定越来越小, 所以经有限步以后, 必可得到余数为 0 的带余除式, 最后一个非零余数为 2.

最后这个非零余数 2 显然是 318 与 628 的公因数. 再由上述五个带余除式容易看出 318 与 628 的任意一个公因数一定整除 2, 所以 2 必是所求的最大公因数, 即 $2 = (318, 628)$.

利用上述诸等式, 用自下而上的逐步代入法可得

$$2 = 8 - 6 = 8 - (310 - 38 \times 8) = -310 + 39 \times 8$$
$$= -310 + 39 \times (318 - 310) = 39 \times 318 - 40 \times 310$$
$$= 39 \times 318 - 40 \times (628 - 318) = 318 \times 79 - 628 \times 40.$$

于是求出 $u = 79, v = -40$. ■

根据这个结论容易证明最大公因数的以下两个性质:

(1) 设 c 是两个整数 a 和 b 的任意一个公因数, 而 $d = (a, b)$, 则必有 $c|d$.

【证】 根据 $d = (a, b) = au + bv$, 且 $c|a$ 和 $c|b$, 立刻得到 $c|d$. ■

(2) $(a, b) = 1 \Leftrightarrow$ 存在两个整数 u 和 v 使得 $au + bv = 1$.

【证】 在 $d = (a, b) = au + bv$ 中取 $d = 1$ 即得 $au + bv = 1$, 必要性得证.

再证充分性. 设 $au + bv = 1$, 如果 p 是 a 和 b 的一个公因数, 则必有 $p|1$, 从而 $p = 1$, 这就证明了 $(a, b) = 1$. ■

最重要的任务是要得到判定二元一次不定方程有解的充分必要条件以及它的解的表示方法.

定理 (1) $ax + by = c$ 有解 $\Leftrightarrow d = (a,b)$ 整除 c. 特别地, 当 $(a,b) = 1$ 时, $ax + by = c$ 必有解.

(2) 设 $(a,b) = 1$. 如果已找到 $ax + by = c$ 的一个解 $x = x_0, y = y_0$, 则它的一般解为

$$x = x_0 + bt, \quad y = y_0 - at, \text{ 其中 } t \text{ 为任意整数}.$$

【**证**】 (1) 必要性: 若 $ax + by = c$ 有解 $x = x_0, y = y_0$, 即

$$c = ax_0 + by_0,$$

则由 $d = (a,b)$ 整除 a 和 b 知道 d 必整除 c.

充分性: 设 $d = (a,b)$ 整除 c: $c = dq$, 由上述性质, 一定存在 $x = u, y = v$ 使得

$$d = au + bv,$$

所以必有

$$c = a\,q\,u + b\,q\,v,$$

这说明 $ax + by = c$ 必有解 $x = q\,u, y = q\,v$.

特别地, 当 $(a,b) = 1$ 时, 因为必有 $d = (a,b) = 1$ 整除 c, 所以 $ax + by = c$ 必有解.

(2) 首先, 因为 $x = x_0, y = y_0$ 是 $ax + by = c$ 的解, 必有

$$ax_0 + by_0 = c,$$

从而对任意整数 t, 也有

$$a\,(x_0 + bt) + b\,(y_0 - at) = ax_0 + by_0 = c,$$

即 $x = x_0 + bt, \quad y = y_0 - at$ 都是 $ax + by = c$ 的解.

其次, 设 $x = x_1, y = y_1$ 是 $ax + by = c$ 的任意一个解, 令

$$u = x_1 - x_0, v = y_1 - y_0,$$

就有

$$au + bv = a(x_1 - x_0) + b(y_1 - y_0) = c - c = 0,$$

即 $au = -bv$.

因为 $(a, b) = 1$, 由 $au = -bv$ 知必有 $a|v$ 且 $b|u$, 于是可设

$$v = at_1, u = bt.$$

再由 $au = -bv$ 可得

$$abt = -abt_1, \quad \text{即} \quad t_1 = -t,$$

于是必有 $u = bt, v = -at$. 这就证明了 $ax + by = c$ 的一般解为

$$x = x_0 + bt, \quad y = y_0 - at,$$

其中 t 为任意整数. ■

推论 当 $(a, b) = 1$ 时, $ax = by$ 的一般解是

$$x = bt, \quad y = at,$$

其中 t 为任意整数.

【证】 $ax = by$, 即 $ax - by = 0$, 它必有特解 $x = y = 0$, 于是一般解为

$$x = bt, \quad y = at.$$ ■

37

如果 $ax = by$ 中 $d = (a, b) \neq 1$, 有 $a = da', b = db'$, 可化为求 $a'x = b'y$ 的解.

用这个定理就可以求解一些不定方程的问题.

例 14 某人花 99 元钱买了甲和乙两种商品共 12 件. 已知每件甲商品比乙商品贵 3 元, 问他能各买几件商品? 且每件商品的价格各为多少?

【解】 设能买甲商品 x 件, 甲商品的价格为 y 元, 则容易列出不定方程

$$xy + (12 - x)(y - 3) = 99,$$

即 $3x + 12y = 135, x + 4y = 45$.
很容易求出它有一个特解 $x = 1, y = 11$. 因为 1 与 4 互素, 所以它的一般解为

$$x = 1 + 4t, \quad y = 11 - t, \text{ 而 } \quad t = 0, 1, 2. \quad \blacksquare$$

【注】 实际上, 由 $x + 4y = 45$ 知道必有 $x \equiv 1 \pmod 4$, 而且 $y = \dfrac{45 - x}{4}$ 必为自然数.

例 15 已知当甲的年龄达到乙现在年龄的 1.5 倍时, 乙的年龄将是甲现在年龄的 5 倍, 求他们俩现在的年龄.

这个问题的题意乍看起来不太容易理解, 求解此题的难点是要正确建立不定方程.

【解】 设甲和乙两人现在的年龄分别为 x 和 y.

既然乙的现龄为 y, 乙的现龄的 1.5 倍就是 $1.5 \times y$. 因为甲的现龄为 x, 要达到年龄 $1.5 \times y$, 尚需

38

$1.5 \times y - x$ 年. 在 $1.5 \times y - x$ 年后, 乙的年龄为 $y + (1.5 \times y - x)$, 所以根据题意, 应有不定方程

$$y + (1.5 \times y - x) = 5x, \quad 即 \quad 12x = 5y.$$

由于 5 与 12 互素, 这个不定方程的一般解为

$$x = 5t, \quad y = 12t,$$

其中 t 为任意自然数.

这样, 他们的现龄可能为

$$(5, 12), (10, 24), (15, 36), \cdots.$$

例如, 若现龄甲为 5 岁, 乙为 12 岁, 则 $18 - 5 = 13$ 年后, 甲为 18 岁, 乙为 25 岁. ■

【注】 也可根据题意列出不定方程组

$$x + t = 1.5y, \quad y + t = 5x,$$

消去时间参数 t 可得不定方程 $12x = 5y$.

革命导师**马克思**对数学也有浓厚兴趣, 留下了珍贵的学习笔记《**数学手稿**》, 他不但应用导数等数学工具描述和解释经济现象和原理, 还研究过以下不定方程问题.

例 16 有 30 个人在一家小饭馆里共花费了 50 先令, 其中, 每个男人花了 3 先令, 每个女人花了 2 先令, 每个小孩花了 1 先令, 问男人、女人和小孩各有几个?

【解】 设男人、女人和小孩的个数依次为 x, y 和 z，则它们满足三元一次不定方程组

$$x + y + z = 30, \quad 3x + 2y + z = 50.$$

两式相减得 $2x + y = 20$. 容易求出其一般解为

$$x = t, \quad y = 20 - 2t, \text{ 从而} \quad z = 10 + t, \text{ 其中}$$
$$t = 1, 2, \cdots, 9.$$

如果允许女人个数 $y = 0$，则 $t = 10, x = 10, z = 20$. ■

数学巨匠**欧拉**曾提出过如下遗产问题：

例 17 父亲临终前，让他的几个孩子按如下方式分配其全部财产：

第一个孩子分得 100 克朗和剩下的财产的十分之一；

第二个孩子分得 200 克朗和剩下的财产的十分之一；

第三个孩子分得 300 克朗和剩下的财产的十分之一；

第四个孩子分得 400 克朗和剩下的财产的十分之一；

第五个孩子分得 500 克朗和剩下的财产的十分之一；

············

分配完毕，发现每个孩子分得的财产全部相同，问他共有几个孩子和共有多少财产？

【解】 设每个孩子都分得 x 克朗, 财产总数为 y 克朗, 则

第一个孩子分得 $100 + \dfrac{y - 100}{10} = x$, 即

$$90 + \frac{y}{10} = x;$$

第二个孩子分得 $200 + \dfrac{y - x - 200}{10} = x$, 即

$$180 + \frac{y}{10} - \frac{x}{10} = x,$$

两式相减得

$$\frac{x}{10} = 90, \quad x = 900,$$

据此可求出每个孩子都分得 900 克朗, 财产总数为

$$y = 100 + 10x - 1000 = 8100 \ 克朗.$$

因为题设条件是每个孩子分得的财产全部都是 900 克朗, 所以可求出他共有九个孩子. ■

【注】 在上述求解过程中, 根本没有用到其余孩子的分配方法, 为什么?

因为我们只需要考虑两个变量: 每人都分得 x 克朗, 财产总数为 y 克朗, 所以只需建立两个独立方程求解. 至于后面几个孩子的分配方法, 仅仅是确保每个孩子分得的财产全部相同, 据此才可求出孩子总数. 为了确保每个孩子分得的财产全部相同, 才采用题中所说的分配方法. 例如, 第三个孩子分得金额:

$$300 + \frac{y - 2x - 300}{10} = 300 + \frac{8100 - 1800 - 300}{10} = 900.$$

第四个孩子分得金额:

$$400 + \frac{y - 3x - 400}{10} = 400 + \frac{8100 - 2700 - 400}{10}$$
$$= 900.$$

$\cdots\cdots\cdots\cdots$

上面我们解决了几个比较著名的或比较典型的不定方程问题.

不定方程的公认鼻祖是代数学的创始人希腊数学家丢番图 (246—330),他写了十三卷《算术》(其中有七卷已失传),书中载有 189 个问题. 此书曾哺育了很多近世代数和数论的学者.

实际上,在丢番图之前,我国古代对不定方程早已有深入研究,例如,约在公元 1 世纪前后完成的我国古代巨著《九章算术》的《方程》章里,就有 "五家共井" 问题. 在南北朝北魏的《张丘建算经》中,有 "百钱百鸡" 问题. 特别,《孙子算经》中的 "物不知其数" 问题的解法,在外国被称为 "中国剩余定理",更是在数学发展史上的一个重大贡献.

例 18 现有甲、乙、丙、丁和戊五家人家共用一口井,每家各有长度相同的绳子若干根. 设各家的绳子的长度依次为 x, y, z, u 和 v,井深为 h. 已知

$$2x + y = 3y + z = 4z + u = 5u + v = 6v + x = h,$$

求各家的绳长和井深.

【解】 由 $6v + x = h$ 知 $x = h - 6v$.

由 $5u + v = h$ 知 $v = h - 5u$,于是

$$x = h - 6v = -5h + 30u.$$

42

由 $4z + u = h$ 知 $u = h - 4z$, 于是

$$x = -5h + 30u = 25h - 120z.$$

由 $3y + z = h$ 知 $z = h - 3y$, 于是

$$x = 25h - 120z = -95h + 360y.$$

由 $2x + y = h$ 知 $y = h - 2x$, 于是

$$x = -95h + 360y = 265h - 720x.$$

最后得到不定方程 $721x = 265\,h$, 其一般解为

$$h = 721\,t, \quad x = 265\,t.$$

据此可依次求出其余各家的绳长为

$$y = h - 2x = 721\,t - 2 \times 265\,t = 191\,t,$$
$$z = h - 3y = 721 - 3 \times 191\,t = 148\,t,$$
$$u = h - 4z = 721 - 4 \times 148\,t = 129\,t,$$
$$v = h - 5\,u = 721 - 5 \times 129\,t = 76\,t,$$

其中 $t = 1, 2, 3, \cdots$. ■

【注】 本题是原古文的意译. $2x + y = h$ 表示: 用甲家的两根绳子和乙家的一根绳子接起来就能够把桶放到井里打水等等. 若取 $t = 1$, 则井面深 $h = 721$, 各家绳子的有效长度 (即不计两条绳子相连接时所需的长度) 依次为

$$x = 265, y = 191, z = 148, u = 129 \text{ 和 } v = 76.$$

43

例 19 用 100 文钱共买 100 只鸡. 已知公鸡每只 5 文钱, 母鸡每只 3 文钱, 三只小鸡 1 文钱, 问可买公鸡、母鸡和小鸡各几只?

【解】 设可买公鸡、母鸡和小鸡的只数依次为 x, y 和 z, 则有不定方程组

$$x + y + z = 100 \quad \text{和} \quad 5x + 3y + \frac{1}{3}z = 100, \text{ 即}$$
$$15x + 9y + z = 300.$$

两式相减得 $14x + 8y = 200$, 即 $7x + 4y = 100$.

它显然有特解 $x_0 = 4, y_0 = 18$, 所以它的一般解为

$$x = 4 + 4t, \quad y = 18 - 7t, \quad t = 0, 1, 2.$$

从而可得

$$(x, y, z) = (4, 18, 78), (8, 11, 81), (12, 4, 84). \quad \blacksquare$$

【注】 实际上, 由 $7x + 4y = 100$ 知

$$7x \equiv 0(\text{mod } 4), x \equiv 0(\text{mod } 4),$$

它有解

$$x = 4, 8, 12; \quad \text{从而} \quad y = 18, 11, 4.$$

或者, 由 $7x + 4y = 100$ 知

$$4y \equiv 2(\text{mod } 7), 2y \equiv 1(\text{mod } 7),$$

也可求出解

$$y = 4, 11, 18; \quad \text{从而} \quad x = 12, 8, 4.$$

六、中国剩余定理

孙子定理见于我国古代的十大 "算经" 之一的《孙子算经》. 该书的著者和年代不详. 成书年代约在公元 3 世纪到 5 世纪. 全书共分三卷. 上卷叙述**算筹** (小木片、小竹片或小骨条) 记数制和**筹算** (用小木片、小竹片或小骨条作为计算工具的算术) 乘除法则; 中卷举例说明筹算的分数法则和开平方法; 下卷中有 "物不知其数" 问题. 有人认为这位 "孙子" 指的是**孙武** (春秋末兵家, 著《孙子兵法》) 或他的后代**孙膑** (战国时兵家).

由于孙子定理对近代数学的影响很大, 对数学发展有重大贡献, 所以在国外数学界被称为**中国剩余定理**.

在对孙子定理作一般介绍之前, 我们先把 "**物不知其数**" 的问题叙述如下:

"今有物不知其数. 三三数之剩二, 五五数之剩三, 七七数之剩二, 问物几何?"

对这个具体问题而言, 只要运用前面所讲的整除性理论. 就可很容易求出它的解.

设物的总数为 x. 由三个三个地数, 最后剩下两个; 五个五个地数, 最后剩下三个; 七个七个地数, 最后剩下两个, 就可以得到以下三个不定方程

$$x = 3u + 2, x = 5v + 3, x = 7w + 2.$$

和三个整除式:

$$3 \mid (x - 2), 5 \mid (x - 3), 7 \mid (x - 2).$$

因为 3 与 7 互素, 所以由 $3 \mid (x - 2), 7 \mid (x - 2)$ 可得 $21 \mid (x - 2)$, 而由这个整除关系, 很容易求出 $x = 23$ 符合要求. 因为 $x = 23$ 除以 5 所得余数正好是 3, 所以 $x = 23$ 就是 "物不知其数" 问题的一个解.

如果孙子定理就这样简单, 那么决不会被誉称为中国剩余定理.

事实上, 在上述求解过程中, 有两个地方不具有普遍性:

(1) 正因为有 "三三数之剩二, 七七数之剩二", 余数同为 2, 才可由 3 与 7 互素得到 $21 \mid (x - 2)$.

(2) $3 \mid (x - 2), 7 \mid (x - 2)$ 的解 $x = 23$ 正好也满足 $5 \mid (x - 3)$.

而且 $x = 23$ 仅仅是一个最小自然数解. 实际上, 加上 $105 = 3 \times 5 \times 7$ 的倍数, 可以得到它的无穷多个解:

$$x = 23, 128, 233, 338, \cdots.$$

当然, 我们要求出的是不定方程组的所有解.

我们把 "物不知其数" 问题稍作改变, 使其更有一般性.

46

例 20 "今有物不知其数. 三三数之剩二, 五五数之剩三, 七七数之剩四, 问物几何?"

【解】 设物的总数为 x. 由条件得到同余式组

$$x \equiv 2 \,(\mathrm{mod}\, 3), \quad x \equiv 3 \,(\mathrm{mod}\, 5), \quad x \equiv 4 \,(\mathrm{mod}\, 7).$$

根据三个模数 $m_1 = 3, m_2 = 5, m_3 = 7$, 可定义三个数

$$M_1 = m_2 m_3 = 35, \quad M_2 = m_1 m_3 = 21,$$
$$M_3 = m_1 m_2 = 15.$$

它们显然满足以下同余式

$$M_1 = 35 \equiv 0 \,(\mathrm{mod}\, 5); \quad M_1 = 35 \equiv 0 \,(\mathrm{mod}\, 7);$$
$$M_2 = 21 \equiv 0 \,(\mathrm{mod}\, 3); \quad M_2 = 21 \equiv 0 \,(\mathrm{mod}\, 7);$$
$$M_3 = 15 \equiv 0 \,(\mathrm{mod}\, 3); \quad M_3 = 15 \equiv 0 \,(\mathrm{mod}\, 5).$$

为了求出原同余式组的解, 根据这三个数 $M_1 = 35, M_2 = 21, M_3 = 15$, 我们构造以下三个余数同为1的同余式组

$$k_1 M_1 = 35 k_1 \equiv 1 \,(\mathrm{mod}\, 3);$$
$$k_2 M_2 = 21 k_2 \equiv 1 \,(\mathrm{mod}\, 5);$$
$$k_3 M_3 = 15 k_3 \equiv 1 \,(\mathrm{mod}\, 7).$$

很容易求出它的一个解 $k_1 = 2, k_2 = 1, k_3 = 1$. 因为这三个同余式的余数都是 1, 所以可用需要求解的同余式组的三个余数 $2, 3, 4$ 为系数, 取

$$x = 2 \times k_1 M_1 + 3 \times k_2 M_2 + 4 \times k_3 M_3,$$

容易看出它必满足

$$x \equiv 2 \times k_1 M_1 \equiv 2 \,(\mathrm{mod}\, 3)\,;$$

$$x \equiv 3 \times k_2 M_2 \equiv 3 \,(\mathrm{mod}\, 5)\,;$$

$$x \equiv 4 \times k_3 M_3 \equiv 4 \,(\mathrm{mod}\, 7)\,.$$

于是可求出原同余式组的一个解

$$x = 2k_1 M_1 + 3k_2 M_2 + 4k_3 M_3$$

$$= 2 \times 2 \times 35 + 3 \times 1 \times 21 + 4 \times 1 \times 15 = 263.$$

再求出 $M = m_1 m_2 m_3 = 3 \times 5 \times 7 = 105$, 它必是 $3, 5, 7$ 的倍数, 所以减去 105 的 2 倍就可求出原同余式组的最小自然数解 $263 - 2 \times 105 = 53$. ■

很明显, 这个解法的关键是求解同余式组

$$35k_1 \equiv 1 \,(\mathrm{mod}\, 3)\,, 21k_2 \equiv 1 \,(\mathrm{mod}\, 5)\,,$$

$$15k_3 \equiv 1 \,(\mathrm{mod}\, 7)\,.$$

那么如何求出它们的解呢?

最简单的是用代入试探法, 用 $k_i = 1, 2, 3, \cdots$ 分别代入, 直到第一次得到余数 1 为止.

因为 $k_i M_i \equiv 1 \,(\mathrm{mod}\, m_i)$, 就是 $k_i M_i + l_i m_i = 1$, 必有 $d = (M_i, m_i) = 1$, 所以一般可用辗转相除法求出所需的自然数 k_i(见例 13).

显然, 上述方法适用于一般同余式组的求解问题.

例如, 考虑同余式组

$$x \equiv a_1 \,(\mathrm{mod}\, m_1)\,, x \equiv a_2 \,(\mathrm{mod}\, m_2)\,,$$

$$x \equiv a_3 \,(\mathrm{mod}\, m_3)\,.$$

令
$$M_1 = m_2 m_3, \quad M_2 = m_1 m_3,$$
$$M_3 = m_1 m_2, \quad M = m_1 m_2 m_3.$$

若能找到自然数 k_1, k_2, k_3 满足

$$k_1 M_1 \equiv 1 \,(\mathrm{mod}\, m_1), \ k_2 M_2 \equiv 1 \,(\mathrm{mod}\, m_2),$$
$$k_3 M_3 \equiv 1 \,(\mathrm{mod}\, m_3),$$

则取
$$x = a_1 k_1 M_1 + a_2 k_2 M_2 + a_3 k_3 M_3,$$

由
$$M_2 \equiv M_3 \equiv 0 \,(\mathrm{mod}\, m_1),$$
$$M_1 \equiv M_3 \equiv 0 \,(\mathrm{mod}\, m_2),$$
$$M_1 \equiv M_2 \equiv 0 \,(\mathrm{mod}\, m_3),$$

立刻得到
$$x \equiv a_1 k_1 M_1 \equiv a_1 \,(\mathrm{mod}\, m_1),$$
$$x \equiv a_2 k_2 M_2 \equiv a_2 \,(\mathrm{mod}\, m_2),$$
$$x \equiv a_3 k_3 M_3 \equiv a_3 \,(\mathrm{mod}\, m_3).$$

再据
$$M \equiv 0 \,(\mathrm{mod}\, m_1), \quad M \equiv 0 \,(\mathrm{mod}\, m_2),$$
$$M \equiv 0 \,(\mathrm{mod}\, m_3),$$

知道这个同余式组的一般解就是 $x + nM, n$ 为任意整数.

现在我们用上面的方法来求解 "物不知其数" 问题:

"今有物不知其数. 三三数之剩二, 五五数之剩三, 七七数之剩二, 问物几何?"

【解】 设物的总数为 x, 则按题意可列出同余式组

$$x \equiv 2 \,(\mathrm{mod}\, 3), \quad x \equiv 3 \,(\mathrm{mod}\, 5), \quad x \equiv 2 \,(\mathrm{mod}\, 7).$$

求出

$$M_1 = 5 \times 7 = 35, M_2 = 3 \times 7 = 21, M_3 = 3 \times 5 = 15,$$
$$M = 3 \times 5 \times 7 = 105.$$

由直观可求出同余式组

$$35 \times k_1 \equiv 1 \,(\mathrm{mod}\, 3), \quad 21 \times k_2 \equiv 1 \,(\mathrm{mod}\, 5),$$
$$15 \times k_3 \equiv 1 \,(\mathrm{mod}\, 7)$$

的一个解 $k_1 = 2, k_2 = k_3 = 1$.

注意到 $a_1 = 2, a_2 = 3, a_3 = 2$, 取

$$x = 2 \times k_1 \times (5 \times 7) + 3 \times k_2 \times (3 \times 7)$$
$$+ 2 \times k_3 \times (3 \times 5)$$
$$= 70 \times k_1 + 63 \times k_2 + 30 \times k_3,$$

将 $k_1 = 2, k_2 = k_3 = 1$ 代入, 即可求出所需的一个解:

$$x = 140 + 63 + 30 = 233.$$

再由 $M = 105$ 和取 $n = -2$ 即可求出最小自然数解

$$x = 233 - 2 \times 105 = 23.$$

在《孙子算经》中给出的解法如下:

"术曰: 三三数之剩二, 置一百四十; 五五数之剩三, 置六十三; 七七数之剩二, 置三十; 并之得二百三十三; 以二百一十减之即得. 凡三三数之剩一, 则置七十; 五五数之剩一, 则置二十一; 七七数之剩一, 则置十五; 一百六以上, 以一百五减之即得".

【注】 其中 "一百六" 和 "一百五" 分别是 106 和 105, 因为当时还未引入数 "0" 及其记号.

在《孙子算经》中给出的解法是如此的美妙! 想一想这事竟发生在一千五百多年以前, 这是多么了不起的创造! 在当时是多么先进的求解方法! 它被称为 "中国剩余定理" 是当之无愧的.

到了 16 世纪, 在**程大位**所著《**算法统宗**》(1592 年) 中将此算法编成如下歌诀:

"三人同行七十稀, 五树梅花廿一枝, 七子团圆整半月, 除百零五便得知"

在这个算法歌诀中, 出现了两组数 "3, 5, 7" 和 "70, 21, 15" 以及一个数 105. 其中的 "3, 5, 7" 依次是三个模数, 就是三种数数的方法.

因为同余式组

$$35 \times k_1 \equiv 1 \,(\mathrm{mod}\, 3), \quad 21 \times k_2 \equiv 1 \,(\mathrm{mod}\, 5),$$

$$15 \times k_3 \equiv 1 \,(\mathrm{mod}\, 7)$$

有一个解 $k_1 = 2, k_2 = k_3 = 1$, 所以对应的 "70, 21,

15" 依次是 "$2M_1, M_2, M_3$", 这三个数是求解问题的**关键数**, 它们成为上述歌诀中的主体.

最后求出

$$x = 2 \times 2M_1 + 3 \times M_2 + 2 \times M_3$$
$$= 140 + 63 + 30 = 233,$$

再减去 $M = 3 \times 5 \times 7 = 105$ 的 2 倍, 即得最小自然数解 $x = 23$.

这个歌诀不但精辟地概括了求解方法, 而且还很有喜庆气氛:

"三位古稀老人, 五福连升三级, 膝下儿孙满堂, 七家欢聚元宵."

在我国古代, 还有一个著名的同余式组的求解问题 "**韩信点兵**".

例 21 有士兵若干. 若列成五列纵队, 则末行一人; 列成六列纵队, 则末行五人; 列成七列纵队, 则末行四人; 列成十一列纵队, 则末行十人. 求士兵数.

【**解**】 这就需要解以下同余式组:

$$x \equiv 1 \,(\mathrm{mod}\, 5), \quad x \equiv 5 \,(\mathrm{mod}\, 6),$$
$$x \equiv 4 \,(\mathrm{mod}\, 7), \quad x \equiv 10 \,(\mathrm{mod}\, 11).$$

先求出
$$M_1 = 6 \times 7 \times 11 = 462,$$
$$M_2 = 5 \times 7 \times 11 = 385,$$
$$M_3 = 5 \times 6 \times 11 = 330,$$
$$M_4 = 5 \times 6 \times 7 = 210,$$

和 $$M = 5 \times 6 \times 7 \times 11 = 2310,$$

则由 $3M_1 = 3 \times 462 = 5 \times 277 + 1 \equiv 1 \, (\mathrm{mod}\, 5),$

$$M_2 = 385 = 6 \times 64 + 1 \equiv 1 \, (\mathrm{mod}\, 6),$$

$$M_3 = 330 = 7 \times 47 + 1 \equiv 1 \, (\mathrm{mod}\, 7),$$

$$M_4 = 210 = 11 \times 19 + 1 \equiv 1 \, (\mathrm{mod}\, 11),$$

知所求的士兵数为

$$x = 1 \times 3M_1 + 5 \times M_2 + 4 \times M_3 + 10 \times M_4 = 6731.$$

最少士兵数为 $6731 - 2 \times 2310 = 2111$ (人). ■

　　了解了上述两个问题的求解过程, 就不难理解以下定理.

　　孙子定理 (中国剩余定理) 设 $m_1, m_2, \cdots, m_r$ 是 r 个两两互异的正整数, $a_1, a_2, \cdots, a_r$ 是任意 r 个整数, 则同余式组

$$x \equiv a_i \, (\mathrm{mod}\, m_i), \quad i = 1, 2, \cdots, r$$

必有解. 令 $M = \prod_{i=1}^{r} m_i$, 则它的解关于模 M 是唯一的.

　　【证】 令

$$M_i = m_1 \cdots \hat{m}_i \cdots m_r, \quad i = 1, 2, \cdots, r,$$

这里, $\hat{m}_i$ 表示 M_i 中不出现 m_i, 即 M_i 是其余 $r - 1$ 个模数的乘积, 必有

$$M_i = m_1 \cdots \hat{m}_i \cdots m_r \equiv 0 \, (\mathrm{mod}\, m_j),$$

$$\forall j \neq i, \quad i, j = 1, 2, \cdots, r.$$

由条件知最大公约数 $d = (M_i, m_i) = 1$, 用辗转相除法总可以找到正整数 $k_1, k_2, \cdots, k_r$, 满足

$$k_i M_i \equiv 1 \, (\mathrm{mod} \, m_i), \quad i = 1, 2, \cdots, r,$$

那么, 这个同余式组的一般解为

$$x = \sum_{i=1}^{r} a_i k_i M_i,$$

必有

$$x = \sum_{i=1}^{r} a_i k_i M_i \equiv a_i \, (\mathrm{mod} \, m_i), \quad i = 1, 2, \cdots, r.$$

若此值超过 $M = \prod\limits_{i=1}^{r} m_i$, 则从 x 中减去 M 的若干倍, 就可得到的最小自然数解.

进一步, 当 $m_1, m_2, \cdots, m_r$ 是 r 个两两互素的自然数时, 若存在两个解

$$x \equiv a_i \, (\mathrm{mod} \, m_i), \quad i = 1, 2, \cdots, r,$$
$$y \equiv a_i \, (\mathrm{mod} \, m_i), \quad i = 1, 2, \cdots, r,$$

则必有 $x \equiv y \, (\mathrm{mod} \, m_i)$, $m_i | (x - y)$, $i = 1, 2, \cdots, r$.

因为, $m_1, m_2, \cdots, m_r$ 是 r 个两两互素的自然数, 所以必有

$$M | (x - y), \quad x \equiv y \, (\mathrm{mod} \, M).$$

这说明同余式组的不同的解都相差 M 的倍数, 即它的解关于模 M 是唯一的. ■

最后, 我们介绍三个问题, 它们取之于我国数学家**杨辉**所著《**续古摘奇算法**》(1275 年). 有兴趣的读者不妨自己先解一下, 作为练习, 然后再与答案核对.

例 22 二数余一, 五数余二, 七数余三, 九数余四, 问本数.

【**解**】 列出同余式组

$$x \equiv 1 \,(\mathrm{mod}\, 2), \quad x \equiv 2 \,(\mathrm{mod}\, 5),$$
$$x \equiv 3 \,(\mathrm{mod}\, 7), \quad x \equiv 4 \,(\mathrm{mod}\, 9).$$

求出

$$M = 2 \times 5 \times 7 \times 9 = 630,$$
$$M_1 = 5 \times 7 \times 9 = 315,$$
$$M_2 = 2 \times 7 \times 9 = 126,$$
$$M_3 = 2 \times 5 \times 9 = 90,$$
$$M_4 = 2 \times 5 \times 7 = 70.$$

求出同余式组

$$315k_1 \equiv 1 \,(\mathrm{mod}\, 2),$$
$$126k_2 \equiv 1 \,(\mathrm{mod}\, 5),$$
$$90k_3 \equiv 1 \,(\mathrm{mod}\, 7),$$
$$70k_4 \equiv 1 \,(\mathrm{mod}\, 9),$$

的一个解 $k_1 = 1, k_2 = 1, k_3 = 6, k_4 = 4$.

于是可取

$$x = 1 \times 1 \times 315 + 2 \times 1 \times 126 + 3 \times 6 \times 90 + 4 \times 4 \times 70 = 3307,$$

再由 $M = 630$ 和取 $n = -5$ 即可求出最小自然数解

$$x = 3307 - 5 \times 630 = 157.$$ ■

例 23 七数余一, 八数余二, 九数余三, 问本数.

【解】 由题意可列出不定方程组

$$n = 7x + 1 = 8y + 2 = 9z + 3.$$

由

$$n + 6 = 7(x + 1) = 8(y + 1) = 9(z + 1)$$

知 $7 | (n + 6), 8 | (n + 6), 9 | (n + 6)$. 再由 $7, 8, 9$ 两两互素知

$$7 \times 8 \times 9 = 504 | (n + 6),$$

于是可取 $n + 6 = 504, n = 504 - 6 = 498$ 就是最小自然数解. ■

例 24 十一数余三, 十二数余二, 十三数余一, 问本数.

【解】 由题意可列出不定方程组

$$n = 11x + 3 = 12y + 2 = 13z + 1.$$

由直观可求出最小自然数解 $n = 14$. ■

在例 23 和例 24 中, 由于其特殊性, 我们并未采用同余式组求解, 它的一般结论如下:

设 $a_1, a_2, \cdots, a_n$ 是给定的自然数.

(1) 同余式组

$$x \equiv a_1 - k \,(\mathrm{mod}\, a_1), x \equiv a_2 - k \,(\mathrm{mod}\, a_2), \cdots,$$
$$x \equiv a_n - k \,(\mathrm{mod}\, a_n)$$

的最小自然数解为 $x = a_1 a_2 \cdots a_n - k.$

(2) 同余式组

$$x \equiv k - a_1 \,(\mathrm{mod}\, a_1)\,, x \equiv k - a_2 \,(\mathrm{mod}\, a_2)\,, \cdots,$$
$$x \equiv k - a_n \,(\mathrm{mod}\, a_n)$$

的最小自然数解为 $x = k.$

在例 23 中，$a_1 = 7, a_2 = 8, a_3 = 9, k = 6$，求出

$$x = 7 \times 8 \times 9 - 6 = 504 - 6 = 498.$$

而在例 24 中，$a_1 = 11, a_2 = 12, a_3 = 13, k = 14$，求出 $x = k = 14.$

七、结束语

编写这本小册子的宗旨,是告知并宣传一个常被人们忽视甚至误解的事实,那就是数学并不是一串枯燥乏味的数字符号、难以理解的概念堆积和故弄玄虚的杂技魔术,更不是有人主观臆造出来的无根无基的空中楼阁.数学源于实际,运用人类的智慧和努力,经过理论的精练和升华,在更高层次上指导实际,并有所创造.人类文明的提高,离不开科学的进步,更离不开数学的发展.数学发展史是科学进步史和人类文明史的重要组成部分.有"万能博士"美称的英国哲学家**培根** (1561 — 1626) 说过:"数学是科学大门的钥匙." 意大利天才画家和数学家**达·芬奇**说:"任何人的研究,没有经过数学的证明,就不能认为是真正的科学." 1989 年美国国家研究委员会的报告《人人关心数学教育的未来》中提到:数学是科学和技术的基础,没有强有力的数学,就不可能有强有力的科学.

既然如此,那么自然要问:为什么会有一些青少年,对数学"望而生畏,望而却步"呢?为什么他

58

们在不同程度上患有"恐数症"？他们之所以会害怕数学，主要是由于他们不适应学习数学的特殊要求 (抽象的思维方法，严密的逻辑推理和谨慎的计算过程)，但是，另一方面也不得不归之于他们对数学缺乏了解和兴趣. 在入门之前或之初就心存恐惧，缺乏斗志，稍受挫折就退却放弃. 实际上，只要他们能知难而进，坚持不懈，再配以科学的学习方法，是可以在广袤的数学园地内畅游的，而且不断地会感受到乐而忘返，甚至其乐无穷！因为这是一座富丽堂皇的数学宫殿！数学大师**华罗庚**有段名言："数学本身也有无穷的美妙. 认为数学枯燥，没有艺术性，这看法是不正确的，就像站在花园外面，说花园枯燥无味一样. 只要踏入了大门，你们随时会发现数学有许许多多趣味的东西." 古希腊数学家**普洛克拉斯** (410 — 485) 说："哪里有数，哪里就有美." 英国数学家**哈代** (1877 — 1947) 说过："美是数学的首要标准，丑陋的数学不可能永世长存." 正因为数学有如此魅力，自古至今有无数的人迷恋于数学，为之倾倒，矢志不渝、全身心投入，甘愿为它而奋斗终生. 学数学犹如登山，只有凭借兴趣和毅力登上高峰以后，才可极目远眺，尽情享受一览无余的美景. 让青少年了解并热爱数学，是数学工作者义不容辞的责任！

我们要大力弘扬数学文化，特别要宣传中国在数学发展史上的杰出贡献，激发青少年的爱国热情. 我们要激励自己奋发有为，为祖国的繁荣、科学的进步、人类的文明作出贡献. 21 岁英年早逝的天才数学家**伽罗瓦**说过："我不但是数学宫殿的游览者，而且还应该是建造者."

限于本人的知识水平和篇幅, 在这本小册子中只能介绍一些同余式与不定方程的初等内容. 实际上, 它孕育了很多近代数学思想和方法. 例如, 近代环论, 近代赋值论, 插入理论, 组合数学与编码理论等等, 对现代数学的影响极大.

最后说明, 本书中所引用的史料, 出处不一, 只供参考, 若有错误, 恳请指正.

参 考 书 目

[1] U. 杜德利. 基础数论. 周仲良, 译. 上海: 上海
     科学技术出版社, 1980

[2] 华罗庚. 从孙子的"神奇妙算"谈起. 北京: 人
     民教育出版社, 1964

[3] 万哲先. 孙子定理和大衍求一术. 北京: 高等
     教育出版社, 1989

[4] Г. Н. 别尔曼. 数与数的科学. 邓应生, 祝世华,
     钟佐华, 译. 北京: 商务印书馆, 1957

附表　不超过 6000 的素数表

2	331	751	1 217	1 697	2 221	2 719	3 299	3 803	4 357	4 943	5 503
3	337	757	1 223	1 699	2 237	2 729	3 301	3 821	4 363	4 951	5 507
5	347	761	1 229	1 709	2 239	2 731	3 307	3 823	4 373	4 957	5 519
7	349	769	1 231	1 721	2 243	2 741	3 313	3 833	4 391	4 967	5 521
11	353	773	1 237	1 723	2 251	2 749	3 319	3 847	4 397	4 969	5 527
13	359	787	1 249	1 733	2 267	2 753	3 323	3 851	4 409	4 973	5 531
17	367	797	1 259	1 741	2 269	2 767	3 329	3 853	4 421	4 987	5 557
19	373	809	1 277	1 747	2 273	2 777	3 331	3 863	4 423	4 993	5 563
23	379	811	1 279	1 753	2 281	2 789	3 343	3 877	4 441	4 999	5 569
29	383	821	1 283	1 759	2 287	2 791	3 347	3 881	4 447	5 003	5 573
31	389	823	1 289	1 777	2 293	2 797	3 359	3 889	4 451	5 009	5 581
37	397	827	1 291	1 783	2 297	2 801	3 361	3 907	4 457	5 011	5 591
41	401	829	1 297	1 787	2 309	2 803	3 371	3 911	4 463	5 021	5 623
43	409	839	1 301	1 789	2 311	2 819	3 373	3 917	4 481	5 023	5 639
47	419	853	1 303	1 801	2 333	2 833	3 389	3 919	4 483	5 039	5 641
53	421	857	1 307	1 811	2 339	2 837	3 391	3 923	4 493	5 051	5 647
59	431	859	1 319	1 823	2 341	2 843	3 407	3 929	4 507	5 059	5 651
61	433	863	1 321	1 831	2 347	2 851	3 413	3 931	4 513	5 077	5 653
67	439	877	1 327	1 847	2 351	2 857	3 433	3 943	4 517	5 081	5 657
71	443	881	1 361	1 861	2 357	2 861	3 449	3 947	4 519	5 087	5 659
73	449	883	1 367	1 867	2 371	2 879	3 457	3 967	4 523	5 099	5 669
79	457	887	1 373	1 871	2 377	2 887	3 461	3 989	4 547	5 101	5 683
83	461	907	1 381	1 873	2 381	2 897	3 463	4 001	4 549	5 107	5 693
89	463	911	1 399	1 877	2 383	2 903	3 467	4 003	4 561	5 113	5 701
97	467	919	1 409	1 879	2 389	2 909	3 469	4 007	4 567	5 119	5 711
101	479	929	1 423	1 889	2 393	2 917	3 491	4 013	4 583	5 147	5 717
103	487	937	1 427	1 901	2 399	2 927	3 499	4 019	4 591	5 153	5 737
107	491	941	1 429	1 907	2 411	2 939	3 511	4 021	4 597	5 167	5 741
109	499	947	1 433	1 913	2 417	2 953	3 517	4 027	4 603	5 171	5 743
113	503	953	1 439	1 931	2 423	2 957	3 527	4 049	4 621	5 179	5 749
127	509	967	1 447	1 933	2 437	2 963	3 529	4 051	4 637	5 189	5 779
131	521	971	1 451	1 949	2 441	2 969	3 533	4 057	4 639	5 197	5 783
137	523	977	1 453	1 951	2 447	2 971	3 539	4 073	4 643	5 209	5 791
139	541	983	1 459	1 973	2 459	2 999	3 541	4 079	4 649	5 227	5 801
149	547	991	1 471	1 979	2 467	3 001	3 547	4 091	4 651	5 231	5 807
151	557	997	1 481	1 987	2 473	3 011	3 557	4 093	4 657	5 233	5 813
157	563	1 009	1 483	1 993	2 477	3 019	3 559	4 099	4 663	5 237	5 821
163	569	1 013	1 487	1 997	2 503	3 023	3 571	4 111	4 673	5 261	5 827
167	571	1 019	1 489	1 999	2 521	3 037	3 581	4 127	4 679	5 273	5 839
173	577	1 021	1 493	2 003	2 531	3 041	3 583	4 129	4 691	5 279	5 843
179	587	1 031	1 499	2 011	2 539	3 049	3 593	4 133	4 703	5 281	5 849
181	593	1 033	1 511	2 017	2 543	3 061	3 607	4 139	4 721	5 297	5 851
191	599	1 039	1 523	2 027	2 549	3 067	3 613	4 153	4 723	5 303	5 857
193	601	1 049	1 531	2 029	2 551	3 079	3 617	4 157	4 729	5 309	5 861
197	607	1 051	1 543	2 039	2 557	3 083	3 623	4 159	4 733	5 323	5 867
199	613	1 061	1 549	2 053	2 579	3 089	3 631	4 177	4 751	5 333	5 869
211	617	1 063	1 553	2 063	2 591	3 109	3 637	4 201	4 759	5 347	5 879
223	619	1 069	1 559	2 069	2 593	3 119	3 643	4 211	4 783	5 351	5 881
227	631	1 087	1 567	2 081	2 609	3 121	3 659	4 217	4 787	5 381	5 897
229	641	1 091	1 571	2 083	2 617	3 137	3 671	4 219	4 789	5 387	5 903
233	643	1 093	1 579	2 087	2 621	3 163	3 673	4 229	4 793	5 393	5 923
239	647	1 097	1 583	2 089	2 633	3 167	3 677	4 231	4 799	5 399	5 927
241	653	1 103	1 597	2 099	2 647	3 169	3 691	4 241	4 801	5 407	5 939
251	659	1 109	1 601	2 111	2 657	3 181	3 697	4 243	4 813	5 413	5 953
257	661	1 117	1 607	2 113	2 659	3 187	3 701	4 253	4 817	5 417	5 981
263	673	1 123	1 609	2 129	2 663	3 191	3 709	4 259	4 831	5 419	5 987
269	677	1 129	1 613	2 131	2 671	3 203	3 719	4 261	4 861	5 431	
271	683	1 151	1 619	2 137	2 677	3 209	3 727	4 271	4 871	5 437	
277	691	1 153	1 621	2 141	2 683	3 217	3 733	4 273	4 877	5 441	
281	701	1 163	1 627	2 143	2 687	3 221	3 739	4 283	4 889	5 443	
283	709	1 171	1 637	2 153	2 689	3 229	3 761	4 289	4 903	5 449	
293	719	1 181	1 657	2 161	2 693	3 251	3 767	4 297	4 909	5 471	
307	727	1 187	1 663	2 179	2 699	3 253	3 769	4 327	4 919	5 477	
311	733	1 193	1 667	2 203	2 707	3 257	3 779	4 337	4 931	5 479	
313	739	1 201	1 669	2 207	2 711	3 259	3 793	4 339	4 933	5 483	
317	743	1 213	1 693	2 213	2 713	3 271	3 797	4 349	4 937	5 501	

郑重声明

高等教育出版社依法对本书享有专有出版权。任何未经许可的复制、销售行为均违反《中华人民共和国著作权法》,其行为人将承担相应的民事责任和行政责任;构成犯罪的,将被依法追究刑事责任。为了维护市场秩序,保护读者的合法权益,避免读者误用盗版书造成不良后果,我社将配合行政执法部门和司法机关对违法犯罪的单位和个人进行严厉打击。社会各界人士如发现上述侵权行为,希望及时举报,我社将奖励举报有功人员。

反盗版举报电话　　(010)58581999　58582371
反盗版举报邮箱　　dd@hep.com.cn
通信地址　北京市西城区德外大街4号　高等教育出版社法律事务部
邮政编码　100120

读者意见反馈

为收集对教材的意见建议,进一步完善教材编写并做好服务工作,读者可将对本教材的意见建议通过如下渠道反馈至我社。

咨询电话　400-810-0598
反馈邮箱　hepsci@pub.hep.cn
通信地址　北京市朝阳区惠新东街4号富盛大厦1座
　　　　　高等教育出版社理科事业部
邮政编码　100029